¡Saludos, focas!

MARAVILLAS ANIMALES 28

LAS FOCAS

QUINN M. ARNOLD

CREATIVE EDUCATION | CREATIVE PAPERBACKS

ESTÉ ATENTO A UN TENTEMPIÉ.
¿TENTEMPIÉ? ¿DÓNDE?
4

Índice

Publicado por Creative Education y Creative Paperbacks
P.O. Box 227, Mankato, Minnesota 56002
Creative Education y Creative Paperbacks
son sellos editoriales de The Creative Company
www.thecreativecompany.us

Diseño de Graham Morgan
Dirección artística de Blue Design (www.bluedes.com)

Imágenes de Alamy/Doug Allan, 6-7, Poelzer Wolfgang, 13; Dreamstime/Isselee, portada (derecha), 3, 20-21, 24, Izanbar, 23, Lynn Bystrom, portada (centro), 1; Getty Images/David Madison, 2; Pexels/Chen Te, portada (izquierda), 18-19, Elianne Dipp, 16; Public Domain/Biodiversity Heritage Library, 4; Shutterstock/Michael A. Damanski, 10-11, Ondrej Prosicky, 8-9, Philip Ellard, 17; Wikimedia Commons/Alastair Rae, 14-15

Library of Congress Cataloging-in-Publication Data
Names: Arnold, Quinn M., author.
Title: Las focas / by Quinn M. Arnold.
Other titles: Seals. Spanish
Description: Mankato, Minnesota : Creative Education and Creative Paperbacks, [2025] | Series: Maravillas | Includes index. | Audience: Ages 4-7 | Audience: Grades K-1 | Summary: "An introduction to seals, this beginning reader features eye-catching photographs, humorous captions, and basic life science facts about these sleek ocean mammals. This Spanish text includes a labeled image guide, glossary, and index"-- Provided by publisher.
Identifiers: LCCN 2024021876 (print) | LCCN 2024021877 (ebook) | ISBN 9798889895121 (library binding) | ISBN 9781682777237 (paperback) | ISBN 9798889895244 (ebook)
Subjects: LCSH: Seals (Animals)--Juvenile literature. | Animals--Juvenile literature. | CYAC: Seals (Mammals) | Animals.
Classification: LCC QL737.P64 A7618 2025 (print) | LCC QL737.P64 (ebook) | DDC 599.79--dc23/eng/20240627

Impreso en China

Las focas viven en **océanos**. La **grasa** gruesa mantiene calientes a las focas.

INTENTA MOVERTE SIN PIERNAS.

Las **aletas** traseras de una foca le ayudan a nadar rápido. Una foca en la tierra es lenta. Sus garras se clavan en las rocas y el hielo.

Muchas focas tienen pelaje café oscuro o gris. Algunas tienen manchas. Las focas mudan cada año.

LAS FOCAS PERMANECEN EN TIERRA MIENTRAS MUDAN.

Las focas de ojos grandes buscan comida. Comen muchos peces. Algunas focas también comen calamares o pulpos.

¡MARCO!
¡POLO!
¡SHH!

MUCHAS FOCAS PASAN LA MITAD DE SU VIDA EN LA TIERRA.

Las crías de la foca se llaman cachorros. Nacen en la tierra. Las crías aprenden a nadar. Luego buscan comida solas.

Las focas descansan en la tierra. Nadan en los océanos. Se sumergen en busca de comida.

¡Adiós, focas!

[Imagina una foca]

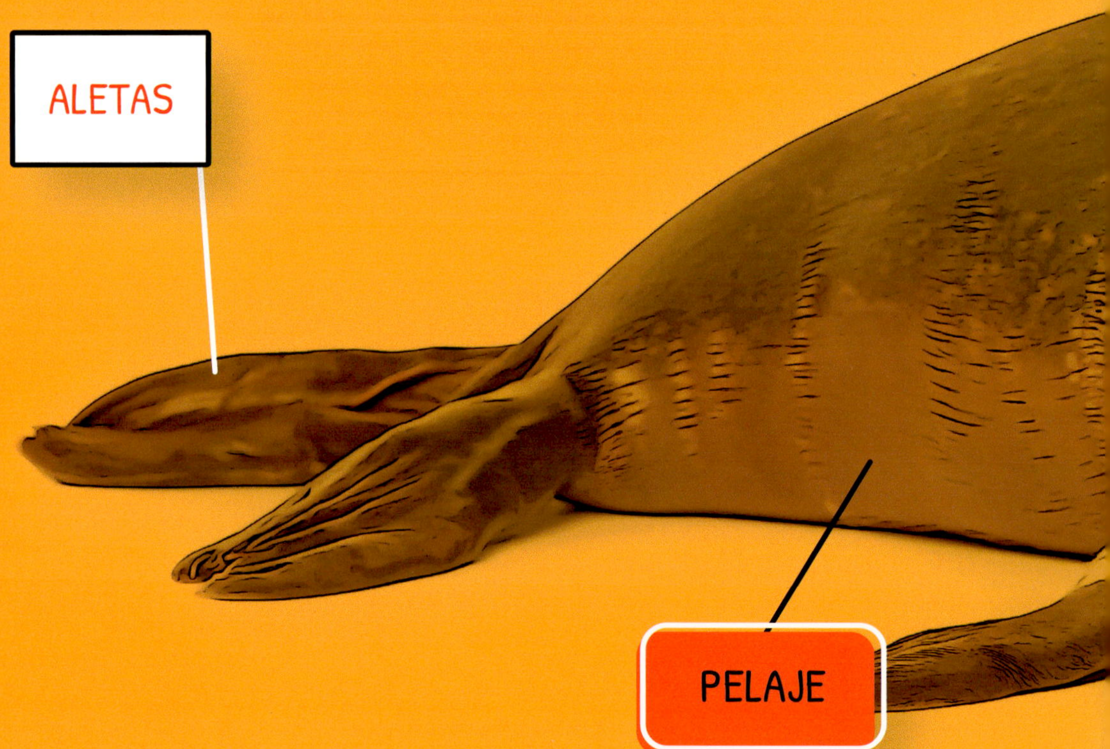

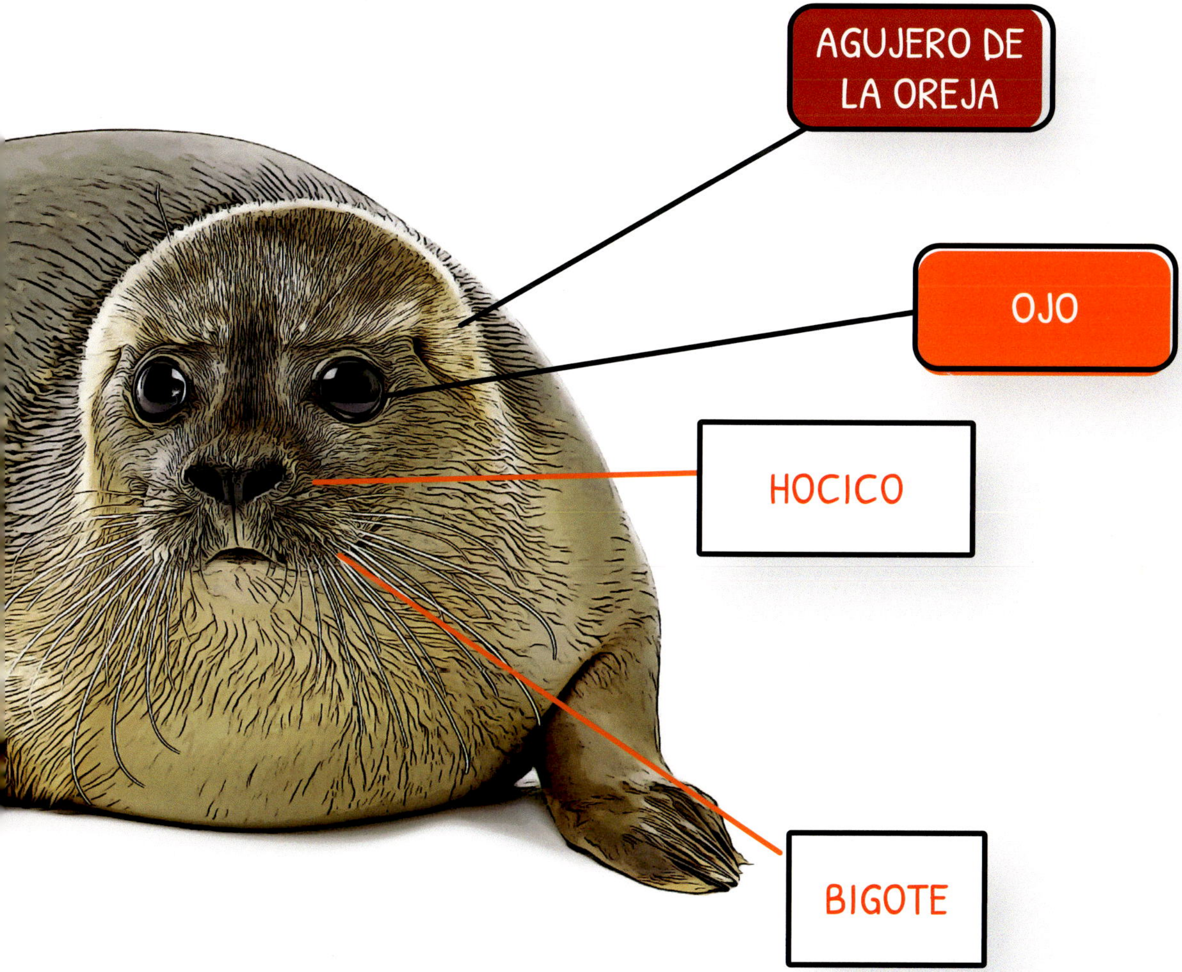
AGUJERO DE LA OREJA
OJO
HOCICO
BIGOTE

PALABRAS QUE DEBES CONOCER

aleta: una extremidad plana (como un brazo) que ayuda a una foca a nadar

grasa: una gruesa capa de grasa que mantiene calientes a los animales oceánicos

mudar: perder y volver a crecer pelo o piel

océano: una gran extensión de agua profunda y salada

ÍNDICE